美好如素

肖洋洋 著

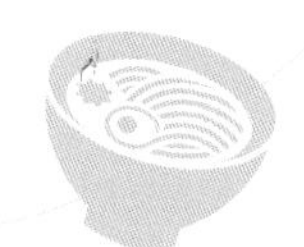

北京联合出版公司
Beijing United Publishing Co.,Ltd.

自 序

提笔写这本书时，思绪回到三年前的八月。那是个盛夏的季节，似乎更多理由是冲着“减肥”二字而来，但并非如此，当一件事下了决心，必然是有因缘的，而这个念头的起因就是我的姐姐。

她是位大学老师，有着内敛沉静的气质，给人的感受就像是徐徐的春风、和煦的阳光。但她也是个坚定执着的人，不妄下决定，也不冲动地选择目标。当她决定食素时，我不能从她简单的“环保爱动物”这五个字里得到我想要的答案！我们虽有几十年的相处，但我第一时间并没有直接提出疑问，而是按下疑云，自己去查阅很多关于食素的资料和知识。由此展现在我眼前的，不再是对姐姐食素的困惑，而更吸引我的则是食素博大精深的渊源和精髓，演变和传承。

这让我在姐姐食素半年后的八月的一天，从一顿纯素早餐开始了我的食素生活。

当静下心来决定一件似乎平常，但又非被了解和理解的事情时，所遇到的困难似乎已不再是这件事的本身。

“就吃蔬菜会很容易饿吧？”“肯定会缺乏营养。”“信佛吗？”“好可惜，很多美食享受不到了。”……

非常理解大家的关心与好奇，因为当初我的疑惑不也是这些吗？

不想过多说明什么，也不想去讨论荤与素的优劣，更不想以一个食素者的姿态去指点着影响身边人去食素，因为我的生活、我的食物、我的内心，一定会让更多人看到：食素，不是清苦，不是寡淡，而是清冽又丰富、简约又多彩的选择。

所以我想到了记录，用照片和文字留住这些平凡的食素生活。

无论是自己的心情、感悟或是做食物的过程，还是那些带着简单心情行走的旅途、和家人好友分享喜悦的瞬间、小孩成长的点滴……就这样，一一地用镜头记录下那时美好的心情。

或许偶尔一段时间，你会想着减轻些身体负担，想吃清淡一些，想肠胃清爽一刻，又或者也想着素出什么花样，那么你可以尝试翻看这本我用照片和文字所记录的我的食物与生活，从而对于食素有更多一些的了解。也或许，就这样，成为素未谋面，却心交很久的朋友……

肖洋洋

RIA
SUPR
100%

Chapter 1
素是餐桌上的奇思妙想

Chapter 2

素是细细品味大自然的无私馈赠

Chapter 3

素是化繁为简的清清爽爽

Chapter 1

素是餐桌上的奇思妙想

有着可爱蘑菇面包的早餐

蘑菇面包

蛋奶素 12 个

面团原料：

高筋面粉 240 克
牛奶 140 克
植物油 28 克
奶粉 30 克
糖 25 克
酵母 3.5 克
盐 2 克

馅料原料：

新鲜蘑菇 200 克
黄油 20 克
植物油 30 克
盐 5 克

1 把所有面团原料放置面包机里，搅拌出膜（取一小块，可以拉伸开）。

2 将出膜的面团取出，放置在温暖处进行第一次发酵。

3 将蘑菇洗净切片，撒上盐，腌制半小时。

4 锅加热后倒入植物油和黄油，倒入蘑菇片，炒至蘑菇水分减少。

5 捞出蘑菇待用（油可以在以后食用，做拌面或是凉拌菜都是不错的佐料）。

6 第2步中的面团戳洞不回缩就表示第一次发酵完毕。

7 轻拍面团，拍出面团里的大气泡。

8 把面团分割成25克一个，共12个。

9 将小面团静置10分钟，用擀面杖擀成小圆片包裹进蘑菇，搓圆放在准备好的蛋糕纸杯里。

10 把蛋糕纸杯放在烤盘上，放置在温度38℃的温暖处进行第二次发酵。

11 纸杯里的面团发酵至两倍大即完成第二次发酵。

12 165℃预热烤箱，烤制20分钟。

做了12个蘑菇面包，还有多余的面团时，我就再分出25克小面团，包裹进一颗好时巧克力。发挥自己的想象，可以包进各种馅料，比如卡仕达酱或是红豆沙还有白巧克力，制造出不一样的口味。

在包裹巧克力的面团上我挤了一些番茄酱，以示和蘑菇面包的区别，同时也会更可爱。

南瓜奶昔

蛋奶素 1人份

南瓜 50 克
牛奶 350 克
蜂蜜 5 克

1 南瓜煮熟加入牛奶搅拌成奶昔状。

2 搅拌好后加入蜂蜜拌匀。

3 表面挤一点番茄酱做装饰即可。

神奇的小餐包们

小餐包基础面团的做法

蛋奶素 9个

高筋面粉 210 克
低筋面粉 30 克
奶粉 25 克
糖 20 克
水 130 克（可用牛奶或椰奶替代，根据面粉吸水性适量增减）
酵母 3.5 克
植物油 25 克（或黄油 20 克）

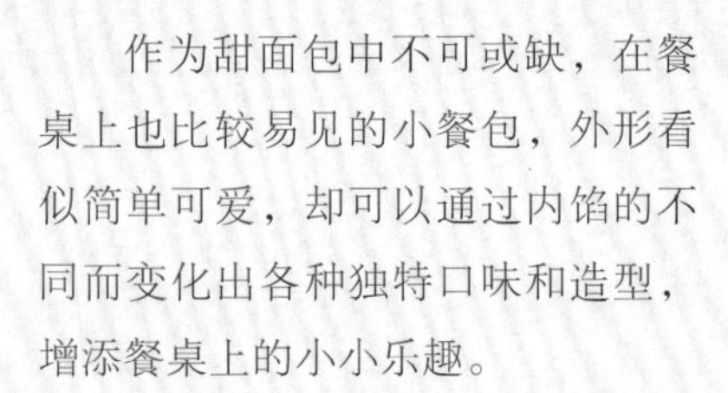

作为甜面包中不可或缺，在餐桌上也比较易见的小餐包，外形看似简单可爱，却可以通过内馅的不同而变化出各种独特口味和造型，增添餐桌上的小小乐趣。

如果使用黄油，则待面团出膜后再添加搅拌；如果是使用植物油，则和其他原料一起加入面包机或厨师机搅拌出手套膜就成为基础面团。

作为小餐包，对于口感的要求，更多在于松软蓬松，这不同于对土司的切面、组织及拉丝的那种严格要求。所以基础面团做好后，只需静置20分钟就可以进行面团的分割。

这个配方的基础面团可以分割出9个50克的小餐包。可以直接烤制，或者按自己喜好加入不同馅料，成为有“内涵”的小餐包。加入馅料后进行第一次发酵，至面团两倍大就可以进行烤制了。

【苹果馅的苹果小餐包】

1 将2个苹果去核，切成小块，放入小锅。加入苹果块一半重量的白砂糖熬至苹果金黄发软即做好苹果馅（用苹果馅时注意沥干水分）。

2 将苹果馅包入分割好的小面团中，搓成圆形。

3 在面团的上方插入一小根小木枝。

4 165℃烤18～20分钟，可根据自己家里烤箱调制上下5℃。

下面这三款小餐包作为早餐主食，配搭水果和一款清炒蔬菜，全部早餐准备时间不超过10分钟，让你可以快乐享用丰富无负担的一餐。

【红豆沙小餐包】

可以购买已制作好的红豆沙，包入面团，表面划口，让外形更好看，也让小餐包内部受热均匀。

烤箱温度165℃，烤15～18分钟，中途注意上色盖锡箔纸。

【鸡蛋小餐包】

把整个煮熟的白煮蛋包入面团，切开时可以看到嫩嫩的鸡蛋夹在里面，作为给家人的小惊喜。

烤箱温度165℃，烤15～18分钟，中途注意上色盖锡箔纸。

发挥对食物的想象，把适合包裹的食物都放进小餐包吧。比如芭蕉、卡仕达酱，再比如中国传统面食银丝卷也曾被我突发奇想地做进面包里。这些小创意，让我满足了好奇心的同时，也享受到做食物带给家人朋友的惊喜与快乐。

【菠萝爆浆小餐包】

菠萝切成颗粒，和马苏里拉芝士一起包入面团。在面团表面划十字口。

165℃预热好烤箱，烤20分钟。

【奶油水果裸面包】

裸蛋糕风行国外，它是一款给不会抹奶油的人制作的快速蛋糕，而我把它用到了面包上。

做出一个基础款圆形小餐包后，将小餐包切成一片一片，抹上打发的奶油，就做成了一款特别的裸面包。

100克冷藏的奶油加30克细砂糖，用电动搅拌器打发至八分即可，准备一些自己喜欢的水果切成颗粒。

把圆餐包切成三片，一层层抹上奶油、加上水果颗粒。不用太在意装饰是否工整，这样一款粗犷随意又可爱的裸面包就出现了，再点缀一些薄荷叶，放在蛋糕架上，素食也诱人。

休息日下午来临，泡一壶花茶，切一块香味浓郁的裸面包，细细品着麦香和奶香及水果带来的综合口味，一家人被甜蜜充盈。

法棍日记

法棍这款神奇的面包，是以最简单的四种食材做出的具有独特口感的大棍子。而这看似普通的大棍子，能带来多迷人的美味呢？

看了很多美食大家的博客和视频后我明白了，法棍的吸引人之处就在于以它质朴口感为基础带来的各种搭配。它使简单的食材变得更加丰富多变。生活，不就是需要这样的变幻才更美丽吗？

法棍的做法

纯素 5根

中种面团

高筋面粉 142 克
中筋面粉 142 克
酵母 1.6 克
盐 5.2 克
水 195 克

1 把这些食材放入面包机搅拌20分钟后放置大碗里，在室温24℃发酵至体积1.5倍大。

2 轻轻拍面团，面团会回缩，盖上保鲜膜，放置冰箱的冷藏层，冷藏一夜。

在碗中倒入橄榄油，用刷子抹匀。

盖上保鲜膜，室温发酵至1.5倍。

轻拍面团，面团会回缩。

3 第二天要做时，把面团提前1小时拿出。将面团分割成10块，盖保鲜膜继续回温1小时。

4 把主面团（高筋面粉142克和中筋面粉142克、酵母1.6克、盐5.2克、水195克）和分割好的10块中种面团一起放入面包机进行搅拌，搅拌30分钟。（分成10块是为了更好地和主面团融合。）可以捏下一个小面团来观察是否已经搅拌至手套膜。

5 搅拌好后取出，放置在比较宽大的食物保鲜盒里进行发酵。

6 发酵半小时后，取出用折叠法进行整形，反复操作两次。

7 继续等面团发酵至两倍大。

8 平均分成5块，分别整形成法棍形状。

9 继续室温发酵40分钟后，在面团上均匀撒上面粉，再割口。

10 预热烤箱230℃，同时放入另一个烤盘在最底层。

11 烤箱预热好，放入面团后，往底层的烤盘里倒入一杯240克的开水制造蒸气。

12 烤制开始时，每隔30秒朝烤箱内壁用喷壶喷一次水，重复三次即可。

13 喷完水后，将烤箱温度降至220℃，烤10分钟后再降到180℃烤20分钟。

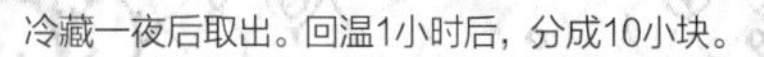

冷藏一夜后取出。回温1小时后，分成10小块。

把主面团和中种面团用面包机搅拌30分钟。搅拌至出手套膜。

整形后，在室温22℃发酵1小时。（整形手法可参考《保罗教你做面包》。）

整形、发酵后，撒粉、割口。

【冷冻法棍简易比萨】

吃不完的法棍用保鲜袋装好，扎紧放置冰箱的冷冻层。记住，是冷冻层哦！可以保存至少一个月，需要吃的时候拿出，在室温下回温半小时，或放入烤箱，用170℃烤8～10分钟就可食用。

1 茄子、胡萝卜、素腊肠（也可用豆腐皮替代）切片。

2 热锅倒入少量植物油。将茄子、胡萝卜和素腊肠片放入锅中煎香，加适量盐和胡椒粉。

3 法棍切片铺上煎好的食材。

4 175℃烤15～18分钟，当马苏里拉芝士上色成微微金黄色时最佳。

【橄榄油配法棍】

【引子酱玫瑰糖配法棍】

这是法棍最传统的吃法。在橄榄油中加入一点海盐，蘸着吃，这样的吃法最简单，也可以最大程度激发出法棍的麦香。

让法棍这种西方的食物更加融入我们的生活，就来一些中国式吃法吧。

抹玫瑰酱和引子酱（可用芝麻酱替代），玫瑰香拌着酱香，加上回烤后的法棍的脆香和嚼劲，非常好吃。

【土豆酸汤配法棍】

土豆去皮煮熟后用搅拌机打成泥待用。热锅中放入植物油，和番茄块熬煮至大气泡后，加入土豆泥和水熬煮。再加入一点切成碎末的泡椒一起煮，煮至水分微微收干就可出锅撒盐食用。

【牛油果红糖配法棍】

牛油果捣成泥，云南古早做法的红糖也捣成碎末。两者拌匀，抹在法棍上，可加一些白芝麻和坚果一起吃，口感更好，也更加营养。

马苏里拉焗一切

【马苏里拉焗法棍】

蛋奶素 2人份

法棍 1 根
素腊肠 1 根
香菜 2 根
胡椒粉少许
马苏里拉芝士 30 克

马苏里拉是一种由牛奶提炼而成的淡奶酪，烹饪加热后会变得相当粘稠，能拉出很多的丝，一般适用于比萨。因为它的特别质地和丰富口感，也适合添加进很多食物里变成美妙的另类美食，所以它成了一款百变的好食材。

1 素腊肠切片，香菜切成碎，放在碗里撒入胡椒粉拌均匀。

2 法棍切开顶部。一般法棍内部比较多空洞，可轻轻用刀划出铺料的空间。

3 法棍内铺好拌匀的素腊肠。

4 在素腊肠表面铺满马苏里拉芝士。

5 将铺好食材的法棍放入预热到180℃的烤箱内烤制12～15分钟。

6 取出后用面包刀切片吃，或等不太烫后撕着吃。

素腊肠是一种豆制素食品，可以在网店购买，也可以用自己喜爱的品牌卤味豆腐替代。

【马苏里拉焗蛋白】

蛋奶素 1人份

鸡蛋 1 个
素腊肠 1/4 根
黑胡椒少量
干欧芹少量
马苏里拉芝士 10 克

1 鸡蛋从放入清水中开火开始计时，中火煮7分钟，根据鸡蛋大小在锅里焖3～5分钟，这样煮出的鸡蛋比较鲜嫩也不会过老。

2 鸡蛋去壳后，对切两半。小心地把蛋黄挖出来放碗里（挖出的蛋黄可以做玛格丽特小饼士或比斯吉面包）。

3 素腊肠切碎，加黑胡椒拌匀。

4 在蛋白空处填满素腊肠碎，铺马苏里拉芝士，撒上干欧芹。

5 放入预热180℃的烤箱内烤10分钟。

这样一款小食物，可以带来不少的能量，搭配几片面包和一杯果汁，会是很不错的一人食早餐。

【马苏里拉焗面包盅】

蛋奶素 1人份

常规圆面包 1 个（可自己烤制，也可在面包店购买）
鸡蛋 1 个
盐 1 克
马苏里拉芝士 20 ~ 30 克

1 圆面包切开顶部，将面包芯掏出待用，小心不要把面包底部挖破。

2 鸡蛋打散加入盐搅拌均匀，然后加入刚掏出的面包芯拌匀。

3 把拌匀的鸡蛋糊倒进掏空的面包盅里。

4 按自己口味铺上20～30克的马苏里拉芝士。

5 预热烤箱180℃，放入烤箱烤制15分钟。

【马苏里拉焗饭】

蛋奶素 **2人份**

熟米饭 2 小碗
青豆 15 克
新鲜香菇 30 克
植物油 2 勺
盐少量
马苏里拉芝士 35 ~ 40 克
水少量

1　新鲜香菇清洗干净后切成颗粒。
2　平底锅烧热，加入植物油和青豆、香菇颗粒翻炒，再加入少量水焖煮至水分蒸发。
3　倒入米饭翻炒均匀，加入盐继续翻炒2分钟。
4　盛出后放入烤箱的烤盘里铺平。
5　打一个鸡蛋在米饭表面。
6　在米饭和鸡蛋上铺满马苏里拉芝士。
7　放入预热至180℃的烤箱内，烤制20分钟即可。

STARBUCKS®

车轮面包的花式下午茶

三色车轮面包的做法

蛋奶素 1根

高筋面粉 180 克
低筋面粉 30 克
牛奶 110 克
植物油 20 克
奶粉 15 克
干酵母 3 克
糖 20 克
盐 3 克
抹茶粉 1.5 克
红曲粉 0.5 克

1 面包机里按顺序加入牛奶、植物油、高筋面粉、低筋面粉、奶粉、干酵母、糖和盐。注意：盐和干酵母分别放在面包机的不同角落，以免放在一起时盐会使干酵母失去活性。

2 将面团用面包机搅拌出手套膜，就可拿出面包机。

3 把面团平均分成3个面团。（若做双色年轮面包，分成两个面团即可。）

4 其中一个面团加入抹茶粉、一个加入红曲粉，分别用手揉面团成均匀的颜色。

5 将三个面团放置在食品保鲜盒中，在28℃下进行第一次发酵。面团发酵至两倍大，第一次发酵则完成。

6 把三个面团取出，分别拍打排出面团里的大气泡。

7 把三个面团擀成圆面皮叠放在一起，建议白色面皮放最外面（其他面皮放置最外，受热后容易失去颜色）。

8 将叠放的面皮卷起，放入车轮模具里进行第二次发酵。在温度38℃的潮湿环境中发酵至两倍大。

9 发酵完毕后，表面抹蛋液，放入已预热至165℃的烤箱，烤制40分钟。

手指按后不回弹，第一次发酵完毕。

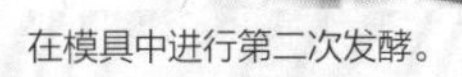

在模具中进行第二次发酵。

最初想做这款面包，是因为它可爱的造型。正好果儿的英语班上组织手作活动，需要做三明治，我就突然想到可以不用常规的方形土司，而是用这一款圆形的面包来做三明治。孩子将这种创意三明治拿到班上后，大受欢迎，他很开心，因为得到班上同学和老师的认同和鼓励。

这样的动力也让我想出怎么用车轮面包吃出新的花样。

孩子是让我成长，让我变得更加有想象力的源泉，是我最重要的财富。

【用芒果、牛油果、西葫芦做的休闲小点】

车轮面包片涂引子酱（可用花生酱替代），加牛油果片，撒一点盐和罗勒。

车轮面包片涂蓝莓酱铺上芒果粒。

车轮面包片涂沙拉酱铺上煎过的西葫芦片和素火腿。

【黄瓜鸡蛋迷你素汉堡】

1　鸡蛋打散加一点盐。

2　热锅上抹油，将蛋液煎成蛋饼。

3　用圆模具按压蛋饼成一个个小圆饼。

4　撒上干迷迭香，加上黄瓜片。

5　夹入车轮面包内。

【车轮面包酿牛油果】

在离车轮面包底部6厘米处切开，挖空面包里面，掏出的面包屑拌入牛油果粒和一些坚果粒，加一点海盐（也可用食用盐）拌匀，放入挖空的车轮面包盅里。

【有花瓣的车轮面包】

把即食燕麦和果干放进酸奶里放冰箱冷泡一夜，但作为早餐似乎又少了一样什么。看到做的面包，突然灵机一动，用一个花形模具把面包按压出花朵形状，放在冷泡一夜的酸奶燕麦里，清晨，这样一个营养又有可爱造型的简约早餐，带来的是一份绽放的好心情。

想着挖出花瓣剩下的面包也不能浪费，所以用手边的食材做了两个可爱的小食。

将牛油果捣碎，放入一点点海盐，做成牛油果泥。用花型模具按出花型，放进有着花瓣形状的面包格子里。

将提子对半切后围着镂空的车轮面包码放，中间填入蓝莓酱。

不同的食材有不同色彩，放入花瓣形状的面包中就可以带来不同的惊喜。

汉堡面包的另类吃法

双色汉堡面包的做法

蛋奶素 8个

高筋面粉 350 克
牛奶 190 克
鸡蛋 1 个
糖 15 克
干酵母 3.5 克
盐 3 克
黄油 25 克
可可粉 4 克

1. 除黄油外，将所有原料放入面包机或厨师机，搅拌到面团快要出膜时加入黄油。
2. 拿出面团，分割成两个面团，其中一个面团加入可可粉放入搅拌器里继续搅拌均匀，注意不要搅拌过度，造成面团提前发酵。做原味汉堡面包可以忽略此步。
3. 加了可可粉的面团和原味面团在室温26℃，发酵至面团两倍大。
4. 用手拍出面团中比较大的气泡。
5. 分别把两种颜色面团，分成33克剂子，各8个。搓圆静置15分钟。
6. 把可可色和原味面团搓成长10cm的圆长条。
7. 把两圆长条扭成麻花状，放入模具中。
8. 放在温度38℃、湿度80%的地方发酵至两倍大。
9. 预热烤箱到170℃，放进烤箱烤制25～30分钟。
10. 中途观察面团，担心上色就盖上锡箔纸。

【双色汉堡面包配煎松茸和炒鸡蛋】

松茸，泡发后油煎至金黄微干，加一点海盐和黑胡椒就很好吃。汉堡面包切片。在两层汉堡面包片中间放一层松茸一层滑蛋，配着一杯牛奶和草莓、车厘子，这样一顿营养丰富、入口香浓的中式汉堡早餐绝对会从味觉和视觉上将你叫醒。

面包，根据不同的模具可以做出圆形、椭圆形，但似乎都是抹果酱或是配上培根、蔬菜做成汉堡包。生活中各种食材本来丰富多彩，而我们的想象力往往在食物上变得匮乏。小小发挥一点吃的想象力，就能带来不一样的面包吃法哦！

【牛油果盒子汉堡面包】

牛油果捣成蓉，加面包碎和蛋黄酱拌匀，放入挖空的汉堡包内，填满、压紧、切片，就做好了。

就是这么简单。切片以后，丰富的内馅让普通的面包更加让人有食欲，这小小改变带来的小惊喜，竟然使得我的小侄女一片片地把一整个汉堡面包都吃得干干净净，而我也收获到了一份最简单的幸福。

【椰浆冷泡燕麦面包】

燕麦片的营养大家都知道。谷物给人体带来的营养成分好吸收，而且还能降低胆固醇，易消化、无负担，因此燕麦片是现代男女老少都乐于接受的好食物。

这款椰浆冷泡坚果麦片的吃法，是把椰浆和燕麦、坚果提前搅拌后冷藏于冰箱，第二天拿出淋枫糖，如此简单的做法就会获得香糯绵软的口感。再把它添加进挖空的小面包里，配上水果，就是一顿营养丰富的快手早餐，特别适合上班族在匆忙的清晨食用。

Chapter 2

素是细细品味大自然的无私馈赠

水果的盛宴

百香果磅蛋糕

蛋奶素 1个

低筋面粉 120 克
细砂糖 80 克
黄油 100 克
百香果 3 个
鸡蛋 2 个
装饰糖浆少量
玫瑰蜜 20 克
温水 10 克

1 将软化的黄油放入大盆中，加入细砂糖，用手持搅拌器把黄油和细砂糖搅拌至微微发白。
2 加入一个鸡蛋搅拌均匀，再加入第二个鸡蛋搅拌均匀。
3 把低筋面粉用过筛器过筛至已光滑均匀的黄油糊里，轻轻翻拌至面糊无颗粒、光滑均匀即可。
4 切开百香果，用勺挖出里面果肉，倒入面糊里。如果不习惯颗粒，可以把百香果果肉的颗粒过滤掉，但记住，要同时增加一个百香果的果肉量。
5 把果肉和面糊搅拌均匀。

百香果又叫西番莲，其果实含有多种维生素，能降低血脂血压。而且它含有多达165种化合物、17种氨基酸和抗癌的有效成分，有抗衰老，养容颜的功效。因它综合了各种水果的风味，所以得名百香果。将它放进油量比较大的磅蛋糕，将带来清香微酸的口味，能缓和黄油的重口味，实在是磅蛋糕的最佳搭配。

6　将面糊倒入山形磅蛋糕模具（其他形状的也可以），用刮刀把表面抹平。

7　放入已预热到170℃的烤箱内，烤45分钟。

8　烤制20分钟时打开烤箱，拿出蛋糕用小刀快速在表面划一刀，再放入烤箱继续烤制。这样做可以在蛋糕出炉后，蛋糕表面形成很规整好看的裂口，如果喜欢自然裂口，也可以省略这一步。

9　烤制好后把糖浆均匀涂抹在蛋糕体表面和侧面。

10　这款蛋糕放凉后切片更好吃，冷藏放置一天后糖浆更入味，口味更佳。

蓝莓芝士蛋糕

蛋奶素 **6寸**

奶油奶酪 220 克
牛奶 40 克
鸡蛋 2 个
细砂糖 40 克
低筋面粉 12 克
玉米淀粉 10 克
蓝莓 80 克
黄油 40 克
酥性饼干 100 克（也可以用奥利奥饼干，使用以前去掉夹心）

1 将6寸心形模具或圆形模具用锡箔纸包好。

2 把酥性饼干用保鲜袋装好，用擀面杖碾成粉末。

3 黄油隔水加热成液体，倒入酥性饼干末中拌匀，铺到模具里，用小勺压平，放置冰箱冷藏层待用。

4 室温软化的奶油奶酪和细砂糖放入打蛋盆中用电动搅拌器搅拌顺滑。

5 加入一个鸡蛋搅拌均匀后再继续加入第二个，继续搅拌均匀。

6 倒入牛奶搅拌均匀。

7 过筛低筋面粉和玉米淀粉至奶酪糊里，用搅拌勺翻拌至看不到颗粒。

8 加入搅拌成泥的新鲜蓝莓酱。

9 从冰箱拿出铺了饼干的模具。

10 把搅拌均匀的蛋糕糊倒入有饼底的模具内。

11 准备一个深烤盘，在盘中倒入开水至烤盘一半处。

12 把装好蛋糕糊的模具放入烤盘内。

13 预热烤箱至170℃，烤制60分钟。

14 出炉后放置至常温，再包好保鲜膜放置冰箱冷藏层，过4小时后脱模就可食用，过夜冷藏味道更佳。

15 脱模时可用热毛巾捂模具周围，或用热风机均匀吹模具外围，就可以顺利脱模。

16 切的时候，一定要用热刀，可把刀放置火炉上烧烫，利落地一刀切下，用厨房纸擦干净刀，再加热，再切蛋糕，

17 可以在芝士蛋糕上抹上蓝莓酱和铺上新鲜蓝莓，让整个蛋糕体更加丰富立体。

草莓可可海绵蛋糕

蛋奶素 6寸

蛋白 3 个
蛋黄 3 个
白砂糖 80 克
低筋面粉 80 克
牛奶 50 克
黄油 20 克
可可粉 10 克
朗姆酒 2 克

1 方形蛋糕模具垫烤纸，方便脱模。

2 低筋面粉过筛待用。

3 打蛋盆里放进蛋白，用电动打蛋器进行蛋白打发，蛋白出大泡沫时加入三分之一的白砂糖。

4 继续高速打发，把剩余白砂糖分两次加入打蛋盆里。

5 一直打发至硬性发泡，拉起打蛋器，蛋白成尖峰状即可。

6 这时加入3个蛋黄继续打发，中速打发2分钟左右。

7 提起打蛋头，蛋液能缓慢流淌的状态就好。

8 开始筛入低筋面粉。

9 用翻拌手法进行搅拌，面糊达到无粉顺滑状态即可。

10 黄油加热成液体，加入牛奶搅拌均匀，倒入朗姆酒。

11 筛入可可粉，搅拌均匀无颗粒。

12 把可可黄油糊倒入打蛋盆里混合均匀，过程手法轻缓以防消泡。

13 把面糊倒入6寸方模中。将模具从约15厘米高处落下，震出蛋糕糊里的大气泡，一般震三四次。

14 预热烤箱170℃，烤30～35分钟。

15 出炉后拿模具，放置微凉后再取出蛋糕体。

16 在蛋糕体上，均匀地抹上一层花生酱。将草莓分别切成四瓣，整齐码放在蛋糕体上。最后在蛋糕上撒上白巧克力粉（也可用椰子粉代替）即可。

蜜桃派

蛋奶素 **6寸**

派皮

黄油 60 克
低筋面粉 100 克
鸡蛋 30 克
糖 10 克
盐 2 克

把派皮原料揉成面团，不要过力揉，若形成面筋将影响烘烤后的口感。将揉好的面团放置碗里，盖上保鲜膜，放冰箱冷藏层冷藏过夜。如果要当时使用，可以冷冻半小时左右取出使用。

派馅

糖 20 克
蛋黄 1 个
低筋面粉 5 克
玉米淀粉 5 克
牛奶 100 克
大水蜜桃 2 个

1. 将糖加蛋黄用电动搅拌器打发至发白，加入低筋面粉和玉米淀粉继续搅拌均匀成糊糊，放置待用。牛奶放小锅里煮开后倒入糊糊里搅拌顺滑，再倒入锅里，小火搅拌1～2分钟，均匀顺滑就可盛出，放置碗里作为派的馅料。
2. 把冰箱里的派皮取出后用擀面杖擀成圆形，大小超过6寸派盘2厘米左右，铺在派盘里。用擀面杖将边缘多余的面皮擀掉，用小叉子在派皮底部戳出小洞，可以防止派皮受热后膨胀。
3. 把做好的馅料铺在派皮上。
4. 把2个大水蜜桃用盐水浸泡、洗净后去核，切成片。
5. 把蜜桃片铺在派盘里的馅料上，轻轻地按压一下。
6. 预热烤箱170℃，烤25分钟。

电影中的烤杂蔬
&不用揉的全麦面包

普罗旺斯烤杂蔬

纯素 2人份

素蚝油 1 勺
青豆 100 克
蒜瓣 3 瓣
番茄 2 个
西葫芦 1 个
大青椒 2 个
大葱少量
黑胡椒少量
橄榄油 1 勺
干欧芹少量
海盐或食盐适量

1. 青豆用清水煮熟。
2. 将一个番茄切成颗粒放入烤箱，180℃烤15分钟，取出待用。
3. 大蒜切片，把青豆和烤熟的番茄一起加入料理机或搅拌机搅拌成泥。
4. 再加入素蚝油（网上素食品店都有售卖），搅拌均匀后作为酱料铺到烤碗里。
5. 番茄、西葫芦切成片，大青椒去籽后切成圆片。
6. 切好的蔬菜加入1勺橄榄油、黑胡椒、海盐拌均匀。
7. 将拌好的蔬菜铺入烤碗的酱料上，淋一点橄榄油，撒上干欧芹。
8. 放入预热至200℃的烤箱烤20分钟，再转低至180℃烤20分钟即可。

配着面包吃，或撕着面包蘸酱汁吃，都是一顿很不错的有主食有蔬菜的营养餐。

正好烤了两个螺管面包，我就直接把酱料和烤蔬菜塞进面包里。软面包拌着清香入味的蔬菜，果儿一下子就快乐地吃完一个。

生活中平凡的蔬菜混合着一个简单的面包，就成为孩子眼里独特的面包卷，而综合了多种蔬菜和丰富调料的烤味蔬菜让味道更加丰富。愉悦享受食物的过程也让身体得到充足的营养，这样的小食物，多多尝试吧。

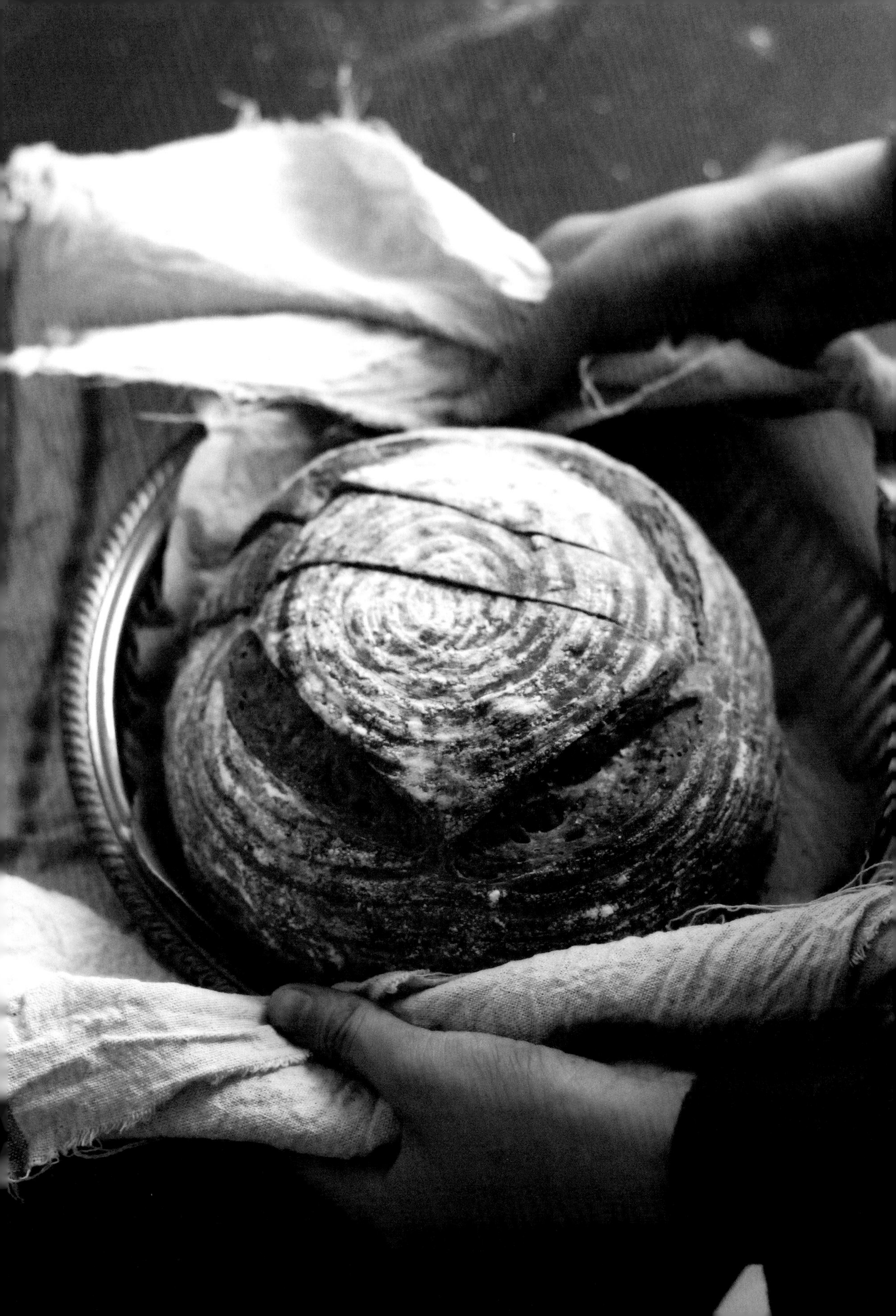

欧包具有少糖少油多粗粮的健康饮食特点，今天这款来自《跟彼得学手做面包》这本书中的斯特卢安面包就是由很多种粗粮混合而成，做法简单、容易操作，非常适合做早餐的主食，搭配各种水果、热汤或奶茶都是不错的选择。

斯特卢安面包

蛋奶素 **3 人份**

全麦粉 100 克
高筋粉 200 克
小麦胚芽 10 克
果干麦片 20 克
粗玉米片 20 克
即食燕麦 19 克
水 170 克
牛奶 55 克
红糖 20 克
酵母 5 克
盐 4 克

1. 把所有材料放入搅拌盆内，用刮刀直接搅拌均匀即可，不需要机器或手工揉面。
2. 把面团移至发酵布上静置10分钟后进行折叠，即把面团轻轻拉开对折后再对折。
3. 对折后的面团静置10分钟再进行对折，这样的方法重复四次就可进行第一次发酵。
4. 将面团第一次发酵至两倍大后轻拍去气泡，滚圆，把收口处朝上、光滑处朝下放进发酵篮进行最后发酵。
5. 面团在发酵篮发至两倍大后，轻轻倒扣面团到烤盘里。
6. 在表面撒上全麦粉，用刀片割十字口。
7. 烤箱预热到180℃，烤制45分钟。
8. 中途旋转方向，使面包上色均匀。
9. 放凉后再切片。

第二天食用时，将面包切片后，放入烤箱180℃回烤3分钟。牛油果捣成泥加一点芝麻和盐拌匀，再洒一些芝士碎，配一杯火龙果汁，一顿营养均衡的早餐或者下午茶就做好了。

牛油果是一种富含维生素和蛋白质及多种微量元素的水果，凭着滑润的口感，可以搭配多种面包主食。放盐或放糖就可以变化出不同的口味，让全麦的欧包吃起来不再单调，变得多彩起来。

素，意大利面

喜欢意面，因为它总有着无限可能，它的耐煮它的嚼劲，容易造型不易散，装盘也十分好看。做一些符合自己喜欢口味的意面，似乎成了我特别爱做的一件事。而作为我唯一客人的果儿，他更是乐于效力，总是能吃得光光，还抹抹小嘴说比某餐饮品牌的好吃。就是这种可爱嗔嗔的小鼓励，让我更是动力无限，做出更多不同口味的意面来尝试新的滋味。

【紫甘蓝意面】

蛋奶素 1人份

意大利面 1 人份	蒜瓣 2 瓣
紫甘蓝 1/4 个	盐少量
新鲜罗勒叶少量	橄榄油 3 勺
松仁少量	鸡蛋 1 个
南瓜子少量	

1 水开后放一人份意大利面，约煮15分钟，中途加少量盐，煮熟后捞出过凉水待用。

2 紫甘蓝、罗勒、松仁、南瓜子和蒜瓣放入料理机打成酱料。

3 平底锅内放橄榄油，微热后加入酱料，小火熬出香味。

4 将意大利面放入锅中翻炒，出锅时适量加盐。

5 平底锅内刷一层薄薄的油。

6 鸡蛋打散后加一点点牛奶，倒入锅里快速用筷子搅动成嫩嫩的滑蛋即可。

7 将滑蛋放在意面上。可以加一些芝士粉和罗勒叶点缀。

美丽的紫色是紫甘蓝的外表，富含丰富的维生素E才是它最迷人的地方。把紫甘蓝做进意大利面中，让意大利面有了不一样的颜色和味道。配着滑蛋的柔和，一口口，让自己美丽健康起来吧。

【白灵菇意面】

纯素 1人份

白灵菇 30 克
洋葱 1/4 个
蒜瓣 2 瓣
橄榄油 3 勺
番茄半个
盐少量
花生酱 1 勺

白灵菇细嫩，味美可口，含有丰富氨基酸和蛋白质，作为早餐营养丰富易吸收，特别加入的花生酱更是增添了香滑的口感，再配上一些水果，其实健康美味都可兼得。

1. 水开后放一人份意大利面，约煮15分钟，中途加少量盐，煮熟后捞出过凉水待用。
2. 白灵菇切碎、番茄去皮切碎、洋葱切碎、蒜瓣切蓉。
3. 平底锅放橄榄油，烧微热后加入番茄、洋葱、蒜蓉小火熬出香味。
4. 倒入白灵菇翻炒至没有水分。
5. 将意面放入锅中翻炒，出锅时放一勺花生酱拌匀即可。

【香蒜奶酪意面】

蛋奶素 1人份

意面 1 人份
奶油奶酪 20 克
洋葱 1/4 个
蒜瓣 2 瓣
新鲜罗勒几片
橄榄油 3 勺
盐少量
芝士粉少量
松仁少量

很多人喜爱奶油奶酪的味道，把它做进意大利面，能增添奶香软滑的好口感，再加一点新鲜罗勒，异国风味顿时呼之欲出。

清晨，让我们做个有意面的“芝士分子”吧！

1 水开后放一人份意大利面，约煮15分钟，中途加少量盐，煮熟后捞出过凉水待用。

2 洋葱切碎、蒜瓣切蓉。

3 平底锅放橄榄油，微热后加入洋葱、蒜蓉、罗勒叶熬出香味。

4 倒入已搅拌光滑的奶油奶酪。

5 将意面放入锅中翻炒，出锅时撒上芝士粉和松仁。

【酸汤螺纹意面】

纯素 1人份

番茄 4 个
姜片 4 片
醋 2 勺
植物油 1 小碗
木姜子油几滴（可不放）
糟辣椒 1 小碗

1 番茄放入热水中浸泡一下，拿出放凉水中，取出在顶部划口剥去外皮，切碎。

2 锅里倒入植物油，微热后加入姜片炒香。倒入番茄碎块小火熬制。

3 待番茄酱熬制到冒大气泡，加入糟辣椒继续熬制3分钟。

4 出锅后滴几滴木姜子油。

木姜子油是湖南和贵州的一种特色风味调料。

糟辣椒是贵州一种独特的风味作料，也是泡椒的一种，可以在超市购买瓶装的，或者用泡椒切碎替代。只是泡椒的辣味比较重，担心辣味可以只用泡椒水。

这款酸汤酱熬制出的分量可以吃5次。照片中我煮了螺纹意面，螺纹意面吸收了酸汤酱的鲜香，加上番茄天然微酸和糟辣椒的泡菜酸，开胃提神，早晨来一份这样味道的意面，元气满满哦！

Chapter 3

素是化繁为简的清清爽爽

想吃土豆

土豆外表平凡，却是富含维生素和大量淀粉及蛋白质的好食材。它可以促进脾胃消化，它所含的膳食纤维能帮助排泄体内毒素。在欧美很多国家，土豆已然是除了面包外最佳的主食选择。

芝心土豆泥

蛋奶素 **1人份**

不大的土豆 1 个
牛奶 3 勺
盐适量
马苏里拉芝士碎 20 克

热土豆煮熟，碾成泥，加入一点盐和牛奶拌匀，分成四个小剂子，分别包入马苏里拉芝士碎，烤箱160℃，烤10分钟即可。

土豆浓汤

纯素 1人份

土豆 1 个
姜 1 片
青椒半个
鱼泉榨菜 20 克
植物油 2 勺
水 50 克

1 土豆切块，青椒去籽，都切成1厘米长的颗粒，用盐腌制待用。鱼泉榨菜切成碎粒。

2 将土豆块放入清水中，和姜片一起煮熟。

3 将土豆块煮至用筷子轻戳就散开即可。

4 取出土豆和姜片，加50克水放入搅拌机搅拌成浓稠状。

5 土豆泥倒入小锅中，加入鱼泉榨菜碎粒和植物油煮1分钟，中途不停搅拌，避免粘锅底。

6 煮好后倒入器皿中，撒上腌制的青椒粒。

因为鱼泉榨菜原本就有咸味，所以可以不用加盐。
若喜欢咸味较重，则可以适当添加一点盐。
鱼泉榨菜可以在超市购买到，没有这个品牌也可以用其他榨菜替代，
比如涪陵榨菜，一袋装的。我选择的是不辣口味的。

比利时要向联合国教科文组织申报，把“比利时薯条”列入世界非物质文化遗产名录，可见食物对于一个国家的重要性，而且还是这样看似最简单最平凡的食物。我父母去比利时旅游时回来非常感慨，满大街都是炸薯条，每根薯条都是粗如手指，而且必须蘸蛋黄酱吃，如果是蘸了番茄酱吃就被视为糟蹋了薯条。

父母回国后就立即启用了他们专程从比利时带回的薯条炸锅，我立即在旁偷学一招。

炸薯条

纯素 2人份

大土豆 2 个
植物油 150 毫升
辣椒粉适量

1 土豆切成手指宽大小、长约8厘米的土豆条。

2 用保鲜袋装好，放入冰箱冷冻层（记住，是温度零下的冷冻层，不是冷藏层哦）。

3 最好冷冻4小时以上，隔夜最好。

4 冷冻的薯条提前半小时拿出来解冻。

5 如果有薯条炸锅，解冻好的薯条就可以炸了。但是薯条炸锅不是每个家庭都有，所以下面是按家庭常用工具来做的（薯条炸锅的优势就是电脑板控制温度，受热均匀，炸制过程中不用去翻拌）。

6 最好用比较深口的锅，热锅后加入植物油，开大火。

7 在锅口一手肘高处用手背试油温，手背感觉微烫时就可以放入解冻的土豆条了。

8 轻轻加入土豆条，关到中火，用锅铲轻柔搅动。

9 炸至土豆条表面金黄色就可捞出，撒上适量辣椒粉就好了。

葱油土豆泥

纯素 1人份

中等大小土豆 1 个
小香葱 2 根
植物油 2 勺
生抽 1 勺

1 煮开水放入土豆，用筷子轻戳可以刺透就可以捞取了，然后放入凉水中。

2 将小葱切成葱花。

3 剥去土豆皮，用勺子按压成土豆泥，可以留有一点颗粒。

4 平底锅烧热后，加入植物油和葱花翻炒出香味。

5 加入土豆泥继续翻炒，加生抽翻拌均匀即可。

去年八月，我们全家来到了贵州海拔最高的长海子旅行。这里海拔2800米，四处安放巨大风车，随处可见在绿草地上自行觅食的牛羊，第一次看到爬岩攀高的山羊那矫健的身姿，尝到特殊高山地带种植出的软糯香绵的土豆、清香多汁的玉米。用碳火慢慢烤制，一口咬下去，都是食物最本真的味道。

一碗米饭的新滋味

酱油米汉堡

蛋奶素 **1人份**

花生油 2 勺
酱油 1/2 勺
鸡蛋 1 个
米饭 1 碗
西葫芦半个
芝士片 1 片
黑芝麻少量
松仁少量

将一点猪油加进刚焖熟的米饭，再加一勺酱油一拌，那个香！这是童年围在父母身边最美味的期待。现在，植物油给了这种传统食物更多可能，加入一些新鲜的做法就可以让更多人接受和喜爱。

1 将花生油用小圆平底锅加热后，和酱油加到米饭里（煮米饭时加一些泡发的糯米一起煮，这样在捏饭团时更易成形。米饭中不要加生抽和蚝油，就要用黑黑的纯正的酱油）。

2 用烘焙店可以买到的油纸包上米饭，用力捏成饭团，再小心压平成厚约3厘米的米饼，准备两个待用。

3 将1个鸡蛋打散，再加入6片切薄的西葫芦，一起放入平底锅煎成西葫芦蛋饼。用圆模具压成与米饼一样的大小。

4 把西葫芦蛋饼放入米饼中间，将芝士片沿对角线切成两半，一起放入米饼中间。

5 表面再撒一些黑芝麻和松仁。一个由有着儿时味道的酱油饭做成的米汉堡就这样做好啦。

葱油拌饭

纯素 1人份

小香葱 15 根
酱油 5 勺
玉米油 30 克

1 小香葱切小拇指长，葱白和葱绿分开放置待用。
2 热锅加入玉米油，同时放入小香葱的白色部分。
3 熬制到葱白成淡黄色，这时马上倒入葱绿部分。
4 继续熬制到香葱整个有微微蜷缩，加入酱油。
5 熬制2分钟左右出锅，倒碗里。
6 将葱油和米饭充分搅拌，十分美味。

葱油一般用来拌面，我试着用来拌米饭，也一样好吃入味。配上一杯紫薯牛奶，就是很简单的一餐。

小豆米烫饭

纯素 1人份

小豆米 1 碗
熟米饭 1 碗
雪里蕻少量
葱少量
植物油 2 勺
开水 200 毫升
盐少量

1 热锅倒入植物油放入雪里蕻翻炒出香味。

2 倒入小豆米和开水炖煮3分钟。

3 加入米饭，盖上盖子焖煮。

4 出锅后再撒盐。

雪里蕻，就是芥菜的升级保存版，即是腌制而成的一种蔬菜，如果不好购买，可以用酸菜代替，增添另一种风味口感。

小豆米做法：红豆泡一天后，用小锅炖煮到红豆变软糯即可。

蟹黄，似乎已是很久远的记忆，食素后再也没有吃过。

今天这碗炒饭，

竟然让我感受到了中秋夜吃着蟹黄、品着黄酒、望着秋月的悠闲滋味。

这道看似简单的炒饭，由米醋和姜末带来了特殊的开胃口感。

加芹菜可以增加维生素的摄入和点点绿意。

这盘有着黄色、绿色和白色等清新颜色的米饭，带来了视觉和味觉的双重享受。

素蟹粉炒饭

蛋奶素 **1人份**

鸡蛋 1 个
植物油 3 勺
米醋 1/2 勺
姜 1 片
剩米饭 1 碗
芹菜 1 根
盐少量
温水少量

1 把1个鸡蛋的蛋白和蛋黄分离开，放在不同的碗里，并分别搅拌均匀。

2 将姜片切成姜末并泡入米醋里待用。

3 芹菜斜切成长颗粒。

4 热锅中倒入植物油1勺，先炒蛋白，盛出蛋白后再炒蛋黄。炒制时都是用筷子在锅里快速搅动，炒成小块后盛碗里。

5 锅里加入植物油2勺，倒入剩米饭，把米饭炒散。有个小窍门可以让米饭颗粒分明，就是洒一点点温水，只需一点点，产生的蒸气会让米饭松散入味。

6 米饭中倒入芹菜和待用的蛋白和蛋黄块，继续翻炒均匀。

7 加入姜末、米醋翻炒。

8 出锅时按自己口味加盐。

牛肝菌是珍稀菌类，香味独特、营养丰富，对调节体虚、头晕、耳鸣都有功效，而且其口感厚实醇香，只要配合最简单的酱油，就可以炒出一碗带着最纯粹鲜香味道的好米饭。

牛肝菌酱油饭

纯素 1人份

干牛肝菌 3 克
熟米饭 1 碗
酱油 1 勺半
植物油 2 勺
蒜瓣 1 瓣

1 干牛肝菌提前两小时泡发，清洗干净待用。

2 蒜瓣切成蓉。

3 将平底锅烧热后，倒入植物油。加入蒜蓉和泡发的牛肝菌翻炒，加入一小碗开水焖煮至水分干，时间约8分钟。

4 加入酱油翻炒，再倒入米饭翻炒均匀即可。

松茸是一款具有独特的浓郁香味的菌类，含有丰富的氨基酸和人体必需微量元素、大量活性营养物质。其具有天然的鲜美，入口软嫩清香，不需放其他作料，就已然拥有最自然的味道。而且因为它对于生长环境要求苛刻，不能人工种植，更成为食客最向往的天然食材。所以即使只是和土豆丝与米饭搭配，每一口都充满大大的满足感和味蕾享受。

松茸是季节性食物，一般七八月份是吃新鲜松茸的最佳时节。平时可以购买干货，也可以用其他菌类替代，比如新鲜香菇、白灵菇、海鲜菇都可以。但是松茸天然夺人的鲜香是菌类里比较特殊的，所以用其他菌类代替或许会少那么一点点山野美味。

松茸土豆丝烫饭

纯素 1人份

干松茸 4 颗
土豆半个
熟米饭 1 碗
植物油 2 勺
盐少量
青菜 2 根（可选用当季蔬菜）

1. 干松茸提前半小时泡发。
2. 将泡发的松茸和青菜清洗干净。
3. 将土豆去皮切成丝。
4. 将平底锅烧热后倒入植物油。加入松茸翻炒出香味后加入土豆丝，一起翻炒后加一点盐。
5. 在松茸和土豆丝半熟时加入米饭。
6. 加入水，煮3分钟左右，放青菜。
7. 出锅时按口味再加一点盐。

牛油果炒饭

纯素 2人份

牛油果1个
熟米饭1碗
小葱3根
植物油2勺
盐少量

葱油饭是很常规的炒饭，简单的食材却带来让人吞食一大碗的好味道。加入牛油果后，则增添更细腻的口感，再配一杯柠檬水，这样的小清新简餐不仅悦目，也悦了自己的胃。

1 牛油果去皮去核切成颗粒，葱切成葱颗粒，葱白和葱绿部分分开待用。

2 平底锅烧热后加入植物油和葱白炒出香味。

3 倒入米饭翻炒。

4 米饭炒熟后加入葱绿部分和牛油果颗粒，继续翻炒1分钟。

5 出锅时依口味加盐。

素馅也美味

我不是北方人，却喜欢吃饺子，或许是因为冷冻起来很方便，随取随用，而且馅料可以根据自己喜好搭配出各种变化。这些都成为好好包饺子、吃饺子的快乐理由。

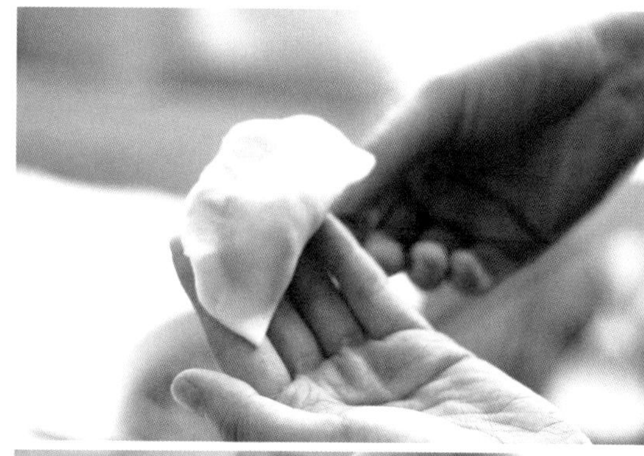

素馅饺子

蛋奶素 **5人份**

鸡蛋 2 个
芹菜 100 克
黑木耳 35 克
粉丝 40 克
白胡椒粉 2 克
芝麻油 1 勺半
姜 2 片
小香葱 5 根
盐少量
植物油少量

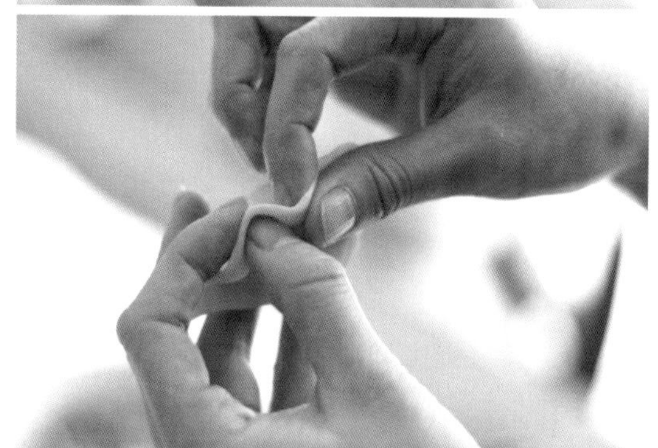

1 鸡蛋打散，热锅放植物油，放入鸡蛋翻炒，中途用筷子不停搅拌，将鸡蛋搅成小颗粒状，炒好盛出备用。

2 芹菜洗净，不要叶子，把芹菜茎切成小颗粒。

3 黑木耳泡发后切成碎末。

4 粉丝放入开水，泡30秒就捞出，待凉后切碎。

5 姜片切成末，小香葱切碎。

6 把所有切碎的原料放入大碗内，加白胡椒粉、芝麻油，最后加入适量盐拌匀即可。

7 开始包饺子吧！

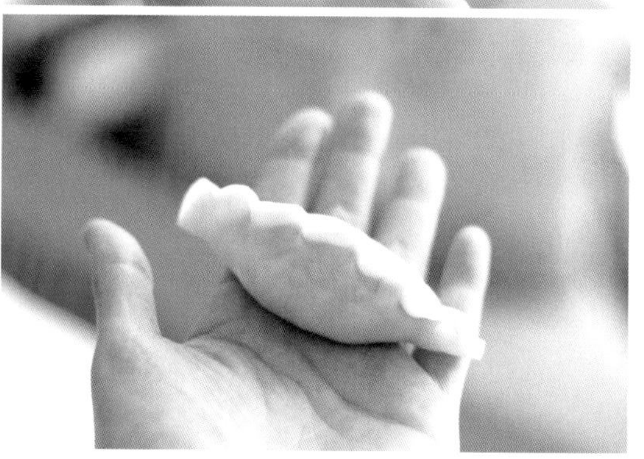

【传统煎饺】平底锅热后倒入几滴植物油，用油刷抹均匀，加入煮熟的饺子，盖上锅盖，焖煮到水分收干即可。脆脆的饺子底加上清爽的饺子馅，拌上一份自己喜爱的辣酸适宜的蘸水，一杯冰糖渍橙子，自己一人食用或和家人一起吃，都是愉快的时光。

【焗饺子】饺子煮熟后放入平底锅，加入切碎的青椒，撒一些黑胡椒粉、瓶装番茄酱和一点盐翻炒，出锅放入烤盘，撒马苏里拉芝士碎，烤箱170℃，烤15分钟，出炉撒一点芝士粉。

配一杯鲜榨橙汁，给生活来一些跳跃的新鲜感吧！

蛋皮馄饨

蛋奶素 **1人份**

馄饨 8 个
鸡蛋 1 个
葱少量
盐少量
植物油 2 勺

1 馄饨煮熟捞出待用。
2 鸡蛋打散加盐。葱切成葱花。
3 平底锅加热，倒入植物油。
4 用筷子把馄饨放入锅里，盖上盖子焖至水分蒸发。
5 将蛋液淋在馄饨上，继续盖上盖子。
6 轻轻晃动平底锅，让蛋液均匀铺平在锅内，撒葱花。

最好使用不粘的平底锅，这样可以很轻松地把整个蛋饼馄饨取出。

番茄酱烩馄饨

蛋奶素 1人份

馄饨 8 个
番茄 1 个
蒜瓣 2 个
植物油 2 勺
盐少量

1 烧开水，把番茄浸入开水中几十秒后捞出，冲凉水剥皮，切块待用。
2 蒜瓣切成蓉。
3 煮熟馄饨，捞出待用。
4 平底锅烧热，放入植物油，加入番茄和蒜蓉熬制成酱，加少许盐。
5 倒入已煮好的馄饨轻轻翻炒，让每个馄饨都裹上番茄汁。
6 盛出后撒上葱花。

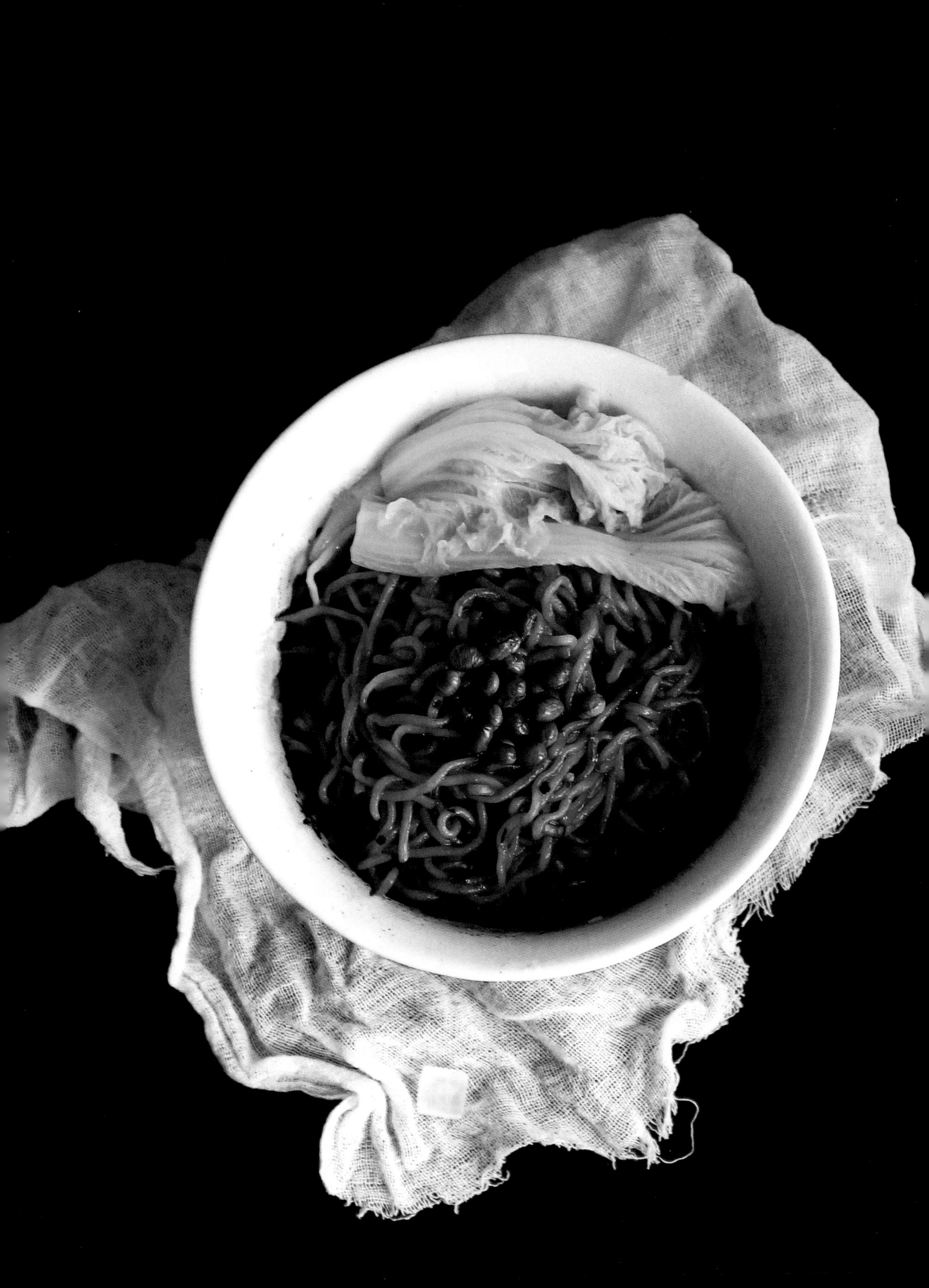

荞麦面的各种可能

【油泼荞麦面】

这款油泼面是我先生最爱做的，
每次都被我一扫而光，
所以我在一旁偷师学艺，
学会后也做给家人和朋友吃。
特别喜欢油泼上去“嗞啦”那一声，
似乎食物在那个瞬间都鲜活灵动起来，
香味也快速扑鼻而来，
激发出味觉记忆中最大的欲望。
厨房传递出的快乐，
是因为看到家人吃食物时满足的表情。

纯素 1人份

姜 2 片
蒜 2 瓣
小香葱 3 根
干辣椒面少量
花椒面少量
荞麦面 1 人份
老抽 2 勺
植物油 2 勺
菜心几颗
脆黄豆少量

1 葱、姜、蒜切成末。
2 荞麦面煮熟后放面碗里待用。
3 在荞麦面上放切好的葱、姜、蒜末和干辣椒面、花椒面。
4 用平底小锅烧热植物油，油温不易过烫，手掌在离锅一肘高处，感觉有微烫感就好。
5 把热油泼到荞麦面上作料上。
6 加入老抽，拌匀面就好。
7 放菜心，撒脆黄豆。

我家这边的蔬菜基地有一个好听的名字，“蓬莱仙界”。满目新鲜的瓜果蔬菜，使得整个七月似乎都洋溢着香甜的味道，路遇一个小菜园，看到星星点点的白色果实镶嵌在大片绿叶架的中间，很是好看。一打听才知道，这是茄子，并且有个符合外形的可爱名字——鸡蛋茄子。工作人员介绍说，鸡蛋茄子口味清香软滑，于是我立刻在菜园摘了一些购买回家，就有了这道鲜香的番茄鸡蛋茄子荞麦面。

有时一些意外的相遇就带来这样味蕾的开怀。

【番茄炖鸡蛋茄子浇头荞麦面】

纯素 2人份

鸡蛋茄子 6 个
番茄 1 个
姜 2 片
植物油 5 勺
盐少量
荞麦面 2 人份
芝麻油少量

1 鸡蛋茄子、番茄切块待用。
2 热锅中倒入植物油，再倒入切碎的番茄块，小火熬制成酱。
3 在番茄酱中加入切块的鸡蛋茄子和姜片熬煮5分钟。
4 出锅时依口味撒盐。
5 荞麦面煮熟后，淋少许芝麻油拌匀。
6 浇上番茄鸡蛋茄子酱。

鸡蛋茄子可以用紫茄子代替，口味几乎是一样的。左图中的素肉可以在网上购买。

食素后，爸爸很注意我的营养问题，蘑菇是很好的选择。有一次端上的一盘杏鲍菇炒青椒，被我一扫而光，杏鲍菇那醇厚润滑的口感就这样久久停留在我脑海里。后来了解到，它富含蛋白质和碳水化合物及维生素，所以更加喜欢上它。

【麻辣香煎杏鲍菇荞麦面】

纯素 2人份

大杏鲍菇 1 个
老干妈油辣椒 3 勺
酱油半勺
花椒少量
植物油 2 勺
蒜苗叶少量
荞麦面 2 人份
芝麻油少量
盐少量

1 平底锅烧热后加入植物油。
2 杏鲍菇切长条放入锅里煎，加入半勺酱油，煎至出现焦黄色后取出待用。
3 平底锅里留有少量油，加入花椒熬制半分钟，捞出花椒。
4 倒入杏鲍菇和老干妈油辣椒翻炒入味。
5 加入一点蒜苗叶翻炒一下出锅。
6 荞麦面煮熟捞出，淋芝麻油和盐。
7 最后放上麻辣香煎杏鲍菇。

后记

一般提到素食，往往会想到“萝卜白菜大米饭”这样简单的样式或者寡淡的味道，抑或是联想到某些宗教意味。在我接触素食后，了解到在我国，仅蔬菜种植品种就有上百种，而平时家庭餐桌上的常用蔬菜也有四五十种之多。而且果蔬颜色丰富多彩，红的西瓜、橙的橘子、黄的香蕉、绿的菠菜、蓝的蓝莓、紫的茄子……恰如生活般绚丽！再上等的肉类也需要果蔬的调味或搭配才能更加完善完美，而果蔬却能自成一体，用适合的烹饪方式就能给予口腹极大的舒适感和满足感。

用心和用“新”去寻找多彩的素吃法，给素生活增添积极的正能量和美丽颜色，这便是我自己的素的态度。

2012年5月13日，一个偶然的机会，在做果儿的早餐时，简单摆了盘、拍了照，得到家人和好友的鼓励。现在看来，那天的拍照很简单，甚至简陋粗糙，但是于我而言，却是种幸福的动力。那一天成为了一个新的起点，是记录一个普通煮妇一步一步努力的起跑线。

2014年6月9日

全麦面包抹黄油撒砂糖后烤得脆脆的，夹奶酪片。配葱油煎蛋、红枣奶昔、荔枝王大樱桃。

2014年6月10日

三色铺饭（花玉米炒糙米饭，上面盖素肉末、莴笋丝、嫩滑蛋），配糟辣椒番茄酸汤焖豆腐、菠萝汁。

2014年6月11日

马苏里拉焗意面，配百合土豆浓汤、冰糖渍桃片。

2014年6月12日

菌子浇头拌粗粮面，配紫薯玉米汁和新鲜青提。

厨房用具

- 最爱使用不粘的平底锅，可以把食材最大面积地舒展开，让不多的油分能浸入食材中。一般20寸的平底锅就适合做两人份的炒菜或意面，还可以用来煎蛋。
- 对于铸铁锅，我选择了一个小的圆形锅和一个方形锅。铸铁小锅导热快速，可以做好后直接端上桌子，当餐具使用。不仅可以保持食物的温度，而且拍照也是很上镜的道具哦！
- 16寸的雪平锅，可以煮奶茶，也可以煮汤类食物。它不仅有着好看清爽的外形，而且长长的木制手柄，可以帮助使用者稳稳地进行食物烹调操作。
- 我一般用家里常用的陶瓷小汤勺来称量油的分量。1平勺的克数通常是6克左右，半勺是3克左右。

常用餐具

一直比较喜爱北欧风格的餐具，简约明快，有着独特线条感。此外，也会搭配使用有着年代感的搪瓷餐具，或家庭使用很多年的餐具，就如这套绿色的杯碟。这套杯碟是我妈妈在1968年去青岛旅游时购买的新婚礼物。时间并没有磨去它美好的纹路，我偶尔会用它装上一杯奶茶，慢慢翻看喜欢的烘焙书，这或许就是餐具所能带来的难以名状的好心情。

更多时候，我会使用盘形餐具来盛装食物，因为它们更能将食物充分展现于眼前，让食用的人第一眼就了解到了食物的全貌，当然，拍照也是极为上相的。

都说餐具是食物的外衣，用心烹调出的食物用美好的外衣装饰，能给生活带来更多色彩，也给品味美食的人带来不一样的用餐感受。

图书在版编目 (CIP) 数据

美好如素／肖洋洋著．—北京：北京联合出版公司，2016.3

ISBN 978-7-5502-6924-8

Ⅰ．①美… Ⅱ．①肖… Ⅲ．①素菜－菜谱 Ⅳ．① TS972.123

中国版本图书馆 CIP 数据核字（2015）第 303364 号

美好如素

选题策划：北京日知图书有限公司
策划编辑：陈　瑶 （新浪微博：夏日星）
责任编辑：喻　静
封面设计：夏　鹏
封面插图：SummerBee夏凉
版式设计：陈　瑶
美术编辑：王道琴

北京联合出版公司出版
（北京市西城区德外大街 83 号楼 9 层 100088）
北京艺堂印刷有限公司　新华书店经销
123千字　787毫米×1092毫米　1/16　8印张
2016年3月第1版　2016年3月第1次印刷
ISBN 978-7-5502-6924-8
定价：45.00元